博赞脑力训练手册

之 卓越记忆

BUZAN BITES: BRILLIANT MEMORY

[英] 东尼·博赞（Tony Buzan） 著

鹿丹丹 译

博赞简明手册系列

图书在版编目（CIP）数据

博赞脑力训练手册之卓越记忆 /（英）东尼·博赞著；鹿丹丹译. —北京：北京联合出版公司，2016.6

ISBN 978-7-5502-7728-1

Ⅰ.①博… Ⅱ.①东…②鹿… Ⅲ.①记忆术—通俗读物 Ⅳ.①B842.3-49

中国版本图书馆CIP数据核字（2016）第107190号

BUZAN BITES: BRILLIANT MEMORY, 1E
ISBN: 978-0-5635-2033-7
Copyright © Tony Buzan 2006

This translation of Buzan Bites: Brilliant Memory 1/e is published by Pearson Education Asia Limited and BEIJING UNITED PUBLISHING CO LTD by arrangement with Educational Publishers LLP, a joint venture between Pearson Education Limited and the BBC Worldwide Limited.

All rights reserved. No part of this book may be reproduced or transmitted in any form or by any means, electronic or mechanical, including photocopying, recording or by any information storage retrieval system, without permission from Pearson Education, Inc.

CHINESE SIMPLIFIED language edition published by PEARSON EDUCATION ASIA LTD., and BEIJING UNITED PUBLISHING CO., LTD Copyright © 2016.

本书封面贴有Pearson Education（培生教育集团）激光防伪标签。无标签者不得销售。

博赞脑力训练手册之卓越记忆

作　　者：（英）东尼·博赞　　　　译　　者：鹿丹丹
选题策划：后浪出版公司　　　　　　出版统筹：吴兴元
责任编辑：王　巍　　　　　　　　　特约编辑：费艳夏
营销推广：ONEBOOK　　　　　　　装帧制造：墨白空间·李海超

北京联合出版公司出版
（北京市西城区德外大街83号楼9层　100088）
北京盛通印刷股份有限公司印刷　新华书店经销
字数90千字　690毫米×960毫米　1/16　6.5印张　插页4
2016年8月第1版　2016年8月第1次印刷
ISBN 978-7-5502-7728-1
定价：28.00元

后浪出版咨询（北京）有限责任公司常年法律顾问：北京大成律师事务所　周天晖　copyright@hinabook.com
未经许可，不得以任何方式复制或抄袭本书部分或全部内容
版权所有，侵权必究
本书若有质量问题，请与本公司图书销售中心联系调换。电话：010-64010019

前　言

像其他孩子一样，当我还是一个小男孩时，我就着迷于记忆力的概念。虽然我看不到它，也不知道它长什么样子。但是我知道我的记忆一直在那里工作，这令我很惊奇。

我困惑的是：一方面，我的记忆力在如此高效地运作，以致我很难察觉我的思绪；但是另一方面，尤其是当我需要在学校里或者在考试中回忆实际事实时，它似乎"舍弃"了我。

随着我的年龄越来越大，我对记忆力就越来越着迷，并全身心地投入到加强和改善记忆途径的方法研究中，以便自己能最优地利用我们身体构造中最神奇的部分——大脑。这指引我发展了在世界范围内被广泛使用的思维导图®技能，本书将告诉你这种特殊的记忆加强方法。即使已经在这个领域工作了30多年，我仍为大脑和记忆力的工作内容，以及我们每个人有多少已经拥有却未被开发的潜力感到惊奇。

此刻，作为正在全球范围内进行的大脑和记忆力功能研究中的一员，这激动人心。21世纪已经被称为"头脑世纪"，我们已经进入了一个非常令人振奋、探索和大脑觉醒的时代。

因为没有任何其他人可以像你一样去观察、感受你自己的生活，所以你的记忆力和记忆系统对你而言是独一无二的。只有你知道自己如何经历了这个世界，并且只有你能选择何时以何种方式回忆过去。你可能会发现你能明如水晶般地回忆一些事，然而这些事在其他人看来却如泥水一样浑浊或如飞行中的蝴蝶一样难以捕捉。但是当你阅读完这本书时，你将能以惊人的清晰度记得你希望记住的每一件事。因为你有工具，所以可以比以前更高效、更有力地使用你的大脑和记忆力。

　　对大脑运作方式的迷恋发展成了我一生的热爱。本书包含了我这些年在此领域中研究脑力认知（Mental Literacy）技能的精华。无论你是7岁、17岁、77岁或者107岁，你均能从这些技能中受益——希望你能如同我一样，为此受益感到兴奋。

　　享受你的思维训练之旅吧！

目 录

前　言 ··· 1
专业术语 ··· 4
导　言 ··· 5

第一章　你神奇的大脑 ··· 1
第二章　你的完美记忆 ··· 9
第三章　核心记忆力规则 ··· 23
第四章　使用关键词和图像打开你的记忆 ···················· 35
第五章　五个重要记忆系统 ··· 43
第六章　测试你的记忆力 ··· 75
第七章　加倍你的记忆力量 ··· 89
出版后记 ··· 94

专业术语

关键

放在"词"或"图像"之前的词语"关键"不仅仅意味着"这很重要",它还意味着这是"记忆的关键"。关键词或关键图像是刺激大脑并开启记忆之门的至关重要的触发器。

关键词

关键词是一个特殊的词,其被选择或创建为一些你希望记忆的、关于一些重要事项的独特参考点。词语刺激大脑左半球,这是一个管理记忆的至关重要的因素。但是当它们独自发挥作用时,并不像你花时间绘制它们并将其转换成关键图像时那么高效。关键词转换成关键图像时,它们尤其能刺激大脑的两个半球。

关键图像

关键图像是记忆的基石,在我的思维系列丛书中,它们被称为关键词图像(详情请见"拓展阅读"),因为它们被认真地创建成在释放深层存储记忆过程中发挥至关重要作用的词语-图像合作物。关键图像要比图片多很多,它是一个与关键词连接并关联的图像。利用记忆力原则,它可以刺激你的想象并重建相似的联想。一个有效的关键图像可以刺激你大脑的两个半球,并利用你所有的感觉。关键图像是思维导图和记忆技能的核心。

导 言

- 你怎么评定你的记忆力？是好还是坏呢？
- 你擅长记忆一些事，但却不擅长记忆另外一些事吗？
- 你如何看待事实？面孔？生日？
- 你相信随着年龄的增长，你的记忆力会越来越差吗？
- 你担心在工作或考试的压力下回忆信息吗？
- 你想要记起存入你大脑中的任何事吗？

本书能提供给你培养超级记忆所需的易于掌握的技能和讲解，这将使记忆问题和贫乏的信息存储能力成为历史。

好消息是，不存在天生的"坏"记忆，你有能力记住或多或少你想记住的事情。在这书中，为了帮你了解、改善、加强你的记忆力，我将给你一些简短的信息。你将学习到与你的大脑协同工作的实际技能和训练，这会使你的记忆力比以前更快、更有力、更高效地行使职责。

第一章 你神奇的大脑

你的大脑是复杂、高效、无限多样化和令人惊叹的。它从不会停止工作，并不间断地演变。

> **你知道吗？**
> - 在一个人的大脑中，大约有1,000,000,000,000个脑细胞（又称为神经元）：那是1万亿个。
> - 每个脑细胞有10,000,000,000,000,000,000,000个不同的突触连接。
> - 每一个独立的脑细胞都会同时与其他10,000个脑细胞相连接。
> - 如果可以写下来，那么所有由通过脑细胞连接的不同想法构成的独特组合的总数量将是一个大数目。在这个数字有1050万公里之长。

那么所有这些意味着什么呢？这意味着大脑是一个高度复杂化和非常灵活的信息接收器和转化器，能够记忆和回忆信息。这比现在发明的任何电脑都高级。你的记忆力是这个高度复杂和超级高效系统的一部分。

每个脑细胞都有数十个、数百个或数千个触角，即树突。为了通过大脑和脊髓向你身体的每个部分传输信息，这些树突将脑细胞相互连接。每一个想法、感觉、知觉、味觉、指令或记忆都比一颗飞驰的子弹传输得还要快。这一信息从一个中心点向四周扩展，发出一系列在大脑中触发即时关联的数据连接火花,并产生当你每次重复经历时就会得到加强的信息传递路径。

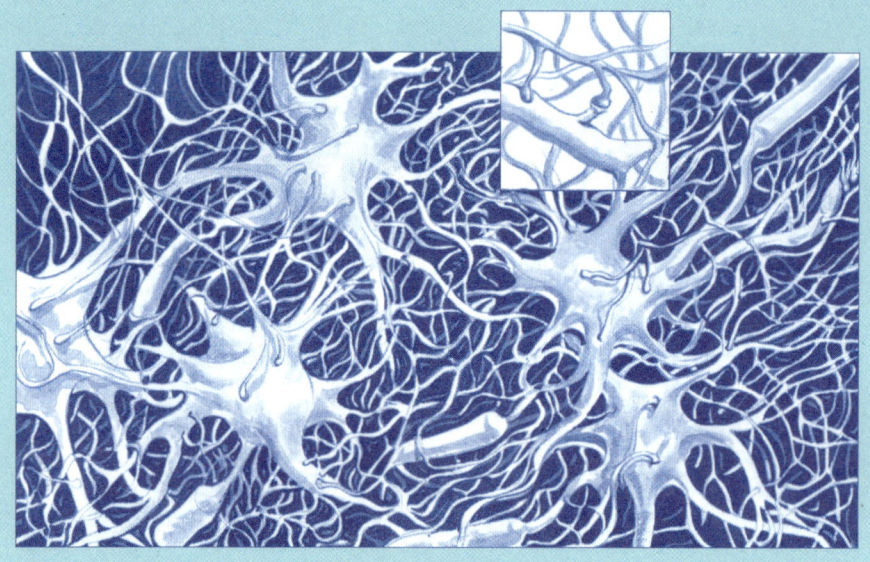

你所拥有的每个想法、所经历的每个感觉都会加强或完善先前的关联:从而产生众所周知的记忆。好消息是,不同于最终会"填满"信息的记忆银行——电脑,你的大脑容积将永远不会被填满。你学习得越多,学习更多的东西就更加容易。

发挥你的潜力

即刻起,你的大脑开始得到开发,你会在一生中持续地学习:每天的每一刻都在吸收信息,并考虑新数据以评定你所掌握的内容。但对大脑工作方式的认知仍然停留在初期阶段。

我们对思维运作方式了解的相对缺乏导致我们很少使用大脑和记忆力提供的巨大潜力。今天我们使用的总数也不到可使用总数的百分之一。

> **你知道吗？**
> - 人类在仅仅 500 年前才知道大脑的位置。在那之前，人们普遍认为我们是用胃和心来思考和感知的——因为那里有我们多数的生理感知神经。
> - 仅在最近 20 年内，我们才开始真正了解大脑是什么以及它是如何运转的。

当你在学校时，你压根不可能学习到关于记忆力如何运作的知识，以及如何使用记忆力技能，如何使用专注、思考、动力和创造的天性。下面所提到的记忆力技能将会展示如何通过加强大脑吸收和存储信息的方式来改善你的表现，增加你的潜力。

你的两个大脑

信息被你的大脑吸收，以不同的方式存储在你的记忆里，并通过以下两种方式对其处理：

- 大脑右半球——涉及：音乐、想象、幻想、色彩、维度、空间几何、完整性。
- 大脑左半球——涉及：逻辑、词汇、目录、数字、序列、线性化、分析。

大脑的两个半球不会脱离彼此运作——它们需要协同工作，以便处于最优状态。你同时刺激大脑两个半球的机会越多，它们协同工作起来就越高效，从而帮助你：

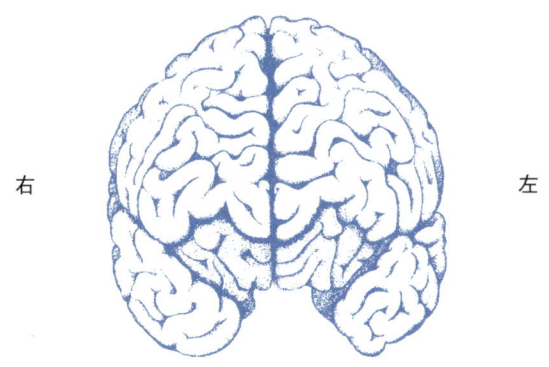

右　　　　　　　左

- ⊙ 更好地思考
- ⊙ 记忆更多
- ⊙ 回忆起来更迅速

　　本书所描述的记忆系统是设计成与你的大脑协同工作，而不是违背大脑的；刺激你的感知，并以一种有序易得的方式帮助记忆存储你选择传回的信息。

> 　　准备好使用这5个增强你大脑的超能力记忆系统。在第二章中，你将会学习如何记忆并回忆信息。第三章会介绍使大脑能量最大化的核心记忆规则。第四章将用关键词和图像打开你的记忆；然后你就可以在学习第五章描述的非凡核心记忆系统时应用所有这些规则。

帮助你的大脑学习

　　一个记忆系统工作起来就像一个包含了一生各个方面资料的超大档

案柜。从这个档案柜中快速并轻易地找到信息的唯一方式是确保它井然有序、容易读取。因此无论你想要找回的记忆如何模糊，只要你知道它的类别，就能轻易地找到并识别它。

为了能够在你的记忆档案柜中分类和存储信息，在学习过程中，对大脑和记忆力如何起作用有些许了解就显得非常重要。

研究表明：第一印象和最后印象至关重要。在这两种情形下，我们更可能会记起那些发生过或者被告知的事：

⊙ 开始——首因效应
⊙ 结束——近因效应

我们也发现记起以下事情比较容易：

⊙ **伴随着**已经存储在记忆中的物品或想法。
⊙ **杰出的**或独一无二的——因为这会吸引想象力。

你的大脑倾向于注意或回忆对以下这些方向有强烈诉求的事：

⊙ 对你的感官：味觉、嗅觉、触觉、听觉、视觉。
⊙ 对你的特别兴趣。

为了对此提供更充分的理由，见第16—21页的图表和文本。

你的大脑是与创建模式和导图、完成序列这些事相适应的。这就是为什么当收音机上一首熟悉的歌中途停下时，你可能仍会将它哼唱完；或者一个段落的序列是1至6，3丢失了，你仍能搜寻出丢失的3。

你的大脑也需要帮助，以记起事实、数字、公式和其他需要迅速带入大脑的重要参考信息。协助记忆的辅助设备就是助记口诀（Mnemonic）。虽然这个词语不会那么频繁地在本书中出现，但是你要学习的所有技能都将是助记技能。它们是充分利用你的思维能力来记忆你选择的一切事的有效方法。

> ### 助记口诀 Mnemonic（发音 "nem-on-ics"）
>
> "Mnemonic"指的是能帮助你记忆一些事的记忆辅助设备。它可能是一个字、一幅画、一个系统或者其他设备，这将帮助你回忆起一个短语、一个名字或者一系列事实。Mnemonic中的"m"不发音，这个词语来源于希腊语 $mnemon$，意思是"记住"。
>
> 在我们的学生时代，我们中的大多数已经使用过助记口诀技能，即使那时我们没有意识到它。学习音乐的学生常常被教导学习短语：Every Good Boy Deserves Favour（每个好男孩都值得被关注）以帮助他们记住音符EGBDF。
>
> 如果首字母可以组成一个词，那助记口诀将是首字母缩略词（ac-ro-nim）。首字母缩略词是由每个词的第一个字母组成的，例如：UNESCO，它代表联合国教科文组织。我们中的一些人都学习过这首诗："有30天的是九月、四月、六月和十一月……"以此来帮助我们记住哪些月份有30天和哪些月份有31天（"仅仅除了二月……"）。那也是一个助记口诀：一个帮助你记忆的辅助设备。
>
> 助记口诀是通过刺激你的想象和使用单词或者其他工具以激励大脑做关联来工作的。

现在我将介绍给你属于你的完美记忆力——帮助你学习如何开始更高效地使用它。

第二章　你的完美记忆

你的记忆力是惊人的

在你的一生中,你一直在收集和存储能帮助你生存、交流、学习和维护人际关系的信息。你的大脑记忆能使你积累知识、成就大事、擅长运动并识别朋友、敌人和亲人。没有我们的记忆力和记忆系统,我们将变得不再自我,并打碎了生命的完整性。

对记忆力和记忆力的丧失,我们存在许多误解:

- 当人们年龄渐长,他们常常会认为自己的记忆力在减退。我将会讲解:这是错误的想法。
- 在压力下工作的人们可能会发现回忆信息是一个挑战,并感觉到他们再也不能长久地在大脑中保留任何信息了。但是,这与不给你更多的时间停留和思考,还有糟糕的回忆方法有很大的关联。

在采取进一步加强记忆力的措施前,必须先进行一个重要的步骤:你必须用一种新的、对所拥有的令人惊奇且高能的大脑表示积极鉴赏的态度去取代你可能会有的任何认为记忆力"糟糕"的消极想法。

- 现在你的记忆力比你一生中的任何时候都存储着更多的信息。关于它或你,没有能被容为"坏"的事。

多年来你已经掌握了大量的信息:几十年的行动、计划、回忆、事实、人物、经验、生日、购物清单、责任等。

⊙ 你的记忆是高效的——虽然回忆信息的过程可能不像你想要的那么高效,但是你只需要改进获取存储在大脑中的信息的方式。

毫不迟疑地提醒自己:你能通过记忆力来回忆起的一些非凡的事:

⊙ 你爱人的面孔。
⊙ 如何刷牙。
⊙ 你的生日。
⊙ 从你家的前门到办公室或者当地商店的路线。
⊙ 如何走路。
⊙ 如何说话。
⊙ 你光顾的不同商店中成百上千种不同商品的位置。
⊙ 你的电话号码。
⊙ 你的车牌号。
⊙ 上个赛季中你最喜欢的球队的得分。
⊙ 2001年9月11日你在何地何时听的新闻。
⊙ 你上一个生日的细节。

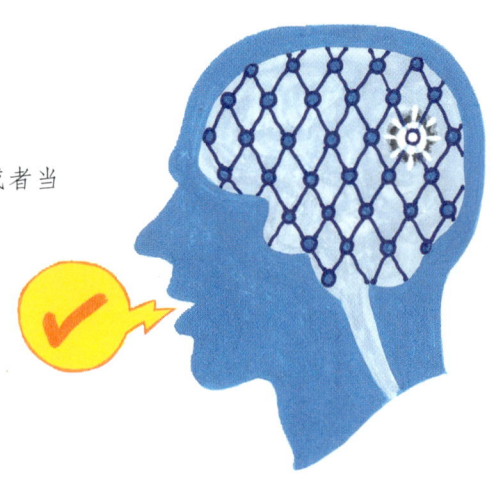

这些想法中的每一个都是非常清晰且涉及大脑树突和神经元大量活动的记忆。你知道这些,但是你可能从来没被传授过如何管理你的大脑或记忆的技能。本书中的系统是真正改变你关于记忆力理念的第一步。它们将加强你记忆力工作的方式,并提高你的学习和记忆能力,你的记忆力会远远超出你当前的水平。

记忆力不是专属于年轻人的领域，你的记忆力并不会随着年龄的增长而下降。如果经常使用本书中的技能，它们将会提供给你一个在接下来的几十年中都能保持神经元健康的"思维练习"。

回忆的力量

- 你回忆信息的程度如何？
- 你能记住所有事实吗？
- 你能按照正确的顺序放置所有的元素吗？

下面的词语回忆练习将会展示一些关于你的大脑如何工作和它如何回忆信息的趣事。

词语回忆练习

下页是一份词语列表。迅速有序地阅读这个列表上的每一个词语，仅阅读一次。然后翻到第15页，尽你所能地填写尽可能多的词语。除非你是记忆大师，否则你不可能记住所有的词语，所以只能尽可能地努力尝试。

逐词阅读完整的列表。确保你这样做的时候手边有一个小卡片，当你阅读时，用卡片覆盖每个读过的词语。

当你完成之后，翻至下页回答一些将展示记忆力如何工作的问题。

房子 地板 墙壁 玻璃 屋顶 树 天空 道路 和 的 这 的 和 绳索 手表 莎士比亚 戒指 和 的 这 桌子 钢笔 花 痛苦 狗

现在尽你所能按顺序填写尽可能多的词语,不要参阅原始列表。

在学习过程中回忆：

⊙ 你记住了多少位于列表开端的词语？

⊙ 你记住了多少位于列表尾端的词语？

⊙ 你能回忆起那些出现了不止一次的词语吗？

⊙ 那些列表中显著不同的词语出现在你的记忆中了吗？

⊙ 你记住了多少位于列表中部的词语呢（那些你还未意识到的）？

在这个测试中，几乎每个人都会回忆起相似的信息：

⊙ 位于列表开端的1至7个词语。
⊙ 位于列表末尾的1个或者2个词语。
⊙ 大多数不止一次出现的词语（此例中："这""和""的"）
⊙ 显著的词语或者短语（此例中："莎士比亚"）
⊙ 几乎没有，即使有也很少位于列表中间的词语。

为什么会发生如此相似的情形呢？结果表明，**记忆力**和**理解力**不以相同的方式工作：虽然理解了所有的词语，但是我们并不能记住全部。我们回忆所理解的信息的能力与下列几个因素相关：

⊙ 相较于中间的事，我们更倾向于记忆第一件事和最后一件事。因为我们能在学习阶段的开始和末尾回忆起更多的信息。（详见第

203页的曲线图，**开始**时比较高，在第三个峰值之前下降，**结束**前再次回升。）

在词语回忆测试的案例中，词语"房子"和"狗"出现在列表的开始和末尾。

- 当事物以某种方式相关联或相联系时，我们会学到更多：通过使用韵脚、重复或其他与我们感觉相关联的事物。（见下页曲线图上的 A、B、C 点）

在词语回忆测试的案例中，重复的词语包括"这""的""和"；相关的词语是"莎士比亚"和"钢笔"，或"房子""墙壁""玻璃"和"屋顶"。

- 当事物突出或者显得独特时，我们也能学习到更多。（见下页曲线图上的 O 点：有一心理学家发现了这一事实，并根据自己的名字将此称为冯·雷斯托夫效应。）

在词语回忆测试的案例中，突出的词语是"莎士比亚"。

一旦你阅读了关于记忆系统的章节，你将形成关于如何关联相关性以记忆这些序列的观点。

研究发现，我们能回忆并理解最多内容的最佳时期是开始学习之后的 20 至 60 分钟之间。一个相对短的时期并不能给大脑足够长的时间来吸收正在学习的内容。

对我们所有人来说，这就讲得通了。不论是在授课或会议中、打电话或者在密集的会谈中学习时，我们很难在超过 20—50 分钟后仍保持充分的注意力和兴趣。你将经常发现需要暂停，休息一下、转换一下话题或者一结束就彻底休息。

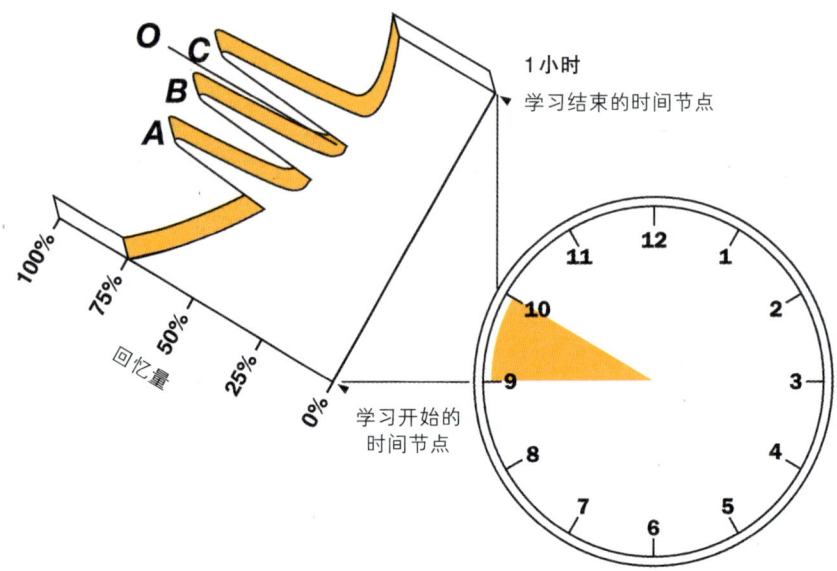

学习期的回忆曲线。曲线图显示，我们在学习期的开始和结束时能回忆起的东西更多。当事物有相关性或关联性时（A、B和C），以及事物比较突出或独特时（O），我们同样能回忆起更多的内容。

休息一下很重要

短暂且带有精心设计间隔的休息是学习和记忆过程中的重要部分。我们发现，如果在学习过程中进行简短而规律的休息，就更容易精准地回忆起信息。因为休息能给大脑一定的时间掌握更多的学习内容。下页的曲线图展示了在2小时的学习期中三种不同的回忆模式。

- 最高的那条线包括4个短的间隔。凸起的峰值显示的是回忆能力最高的时刻。在这条线上有比其他任何曲线更高的点，因为这里有4个"开始/结束点"。回忆能力一直很高。
- 中间的线显示的是无休息状态下的回忆曲线。开始点和结束点显示了记忆力的最高水平，但是整个记忆力都下降至低于75%的水平。

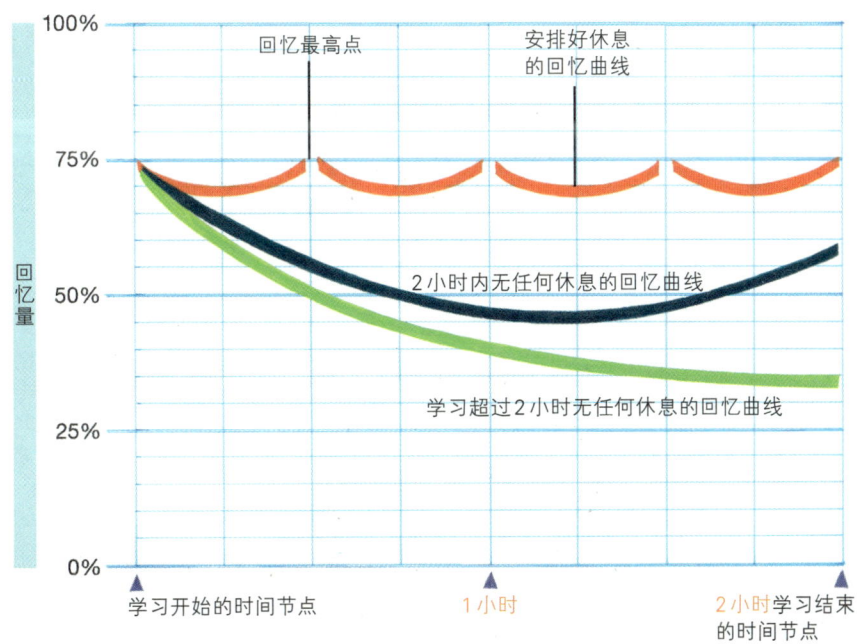

- 底部的线显示了超过2个小时没有任何休息的情形。这个方法明显适得其反，因为记忆力线稳步下降，直至低于50%。

没有休息，我们的记忆力就会直线下降。

- 我们有越多间隔适当地短暂休息，开始和结束的时间节点就越多，我们大脑记忆得就越好。
- 短暂休息也是放松的关键：它们能缓解在注意力集中期间产生的不可避免的肌肉和精神压力。

重复的价值

新信息首先会存储在你的短期记忆中。将这些信息转化成你的长期记忆需要演练和实践。通常，在信息永久性地转化成你的长期记忆之前，至少需要重复这个动作5次：这意味着需要定期使用一种或多种记忆技能来复习你已经学习的内容。

关于复习和重复你已经学习的内容，我的建议是：

- 学习完毕后立即复习。
- 在学习完毕后的第二天内复习。
- 在第一次学习完毕后的第二周内复习。
- 在第一次学习完毕后的第二个月内复习。
- 在第一次学习完毕后的3到6个月内复习。

在回忆的每个时期，你不但要复习你已经学习的信息，还需要增加知识。你具有创造力的想象在长期记忆中起着一部分作用，你越频繁地复习所学内容，你将越能更多地将它与你所保留的其他信息和知识相联系：

- 我们学习得越多，我们记忆得就越多！
- 我们记忆得越多，我们学习得就越多！

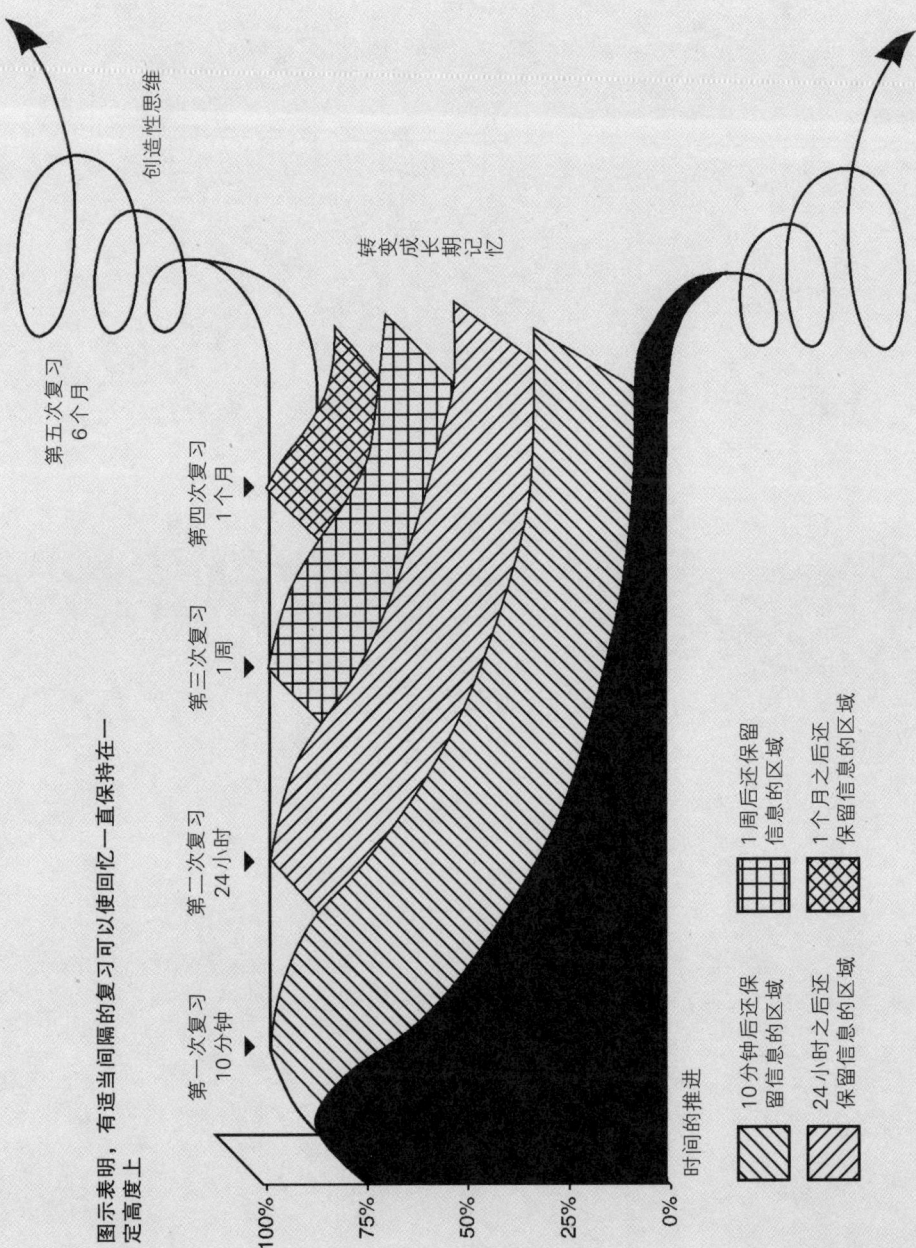

第三章 核心记忆力规则

在希腊和罗马时代，领袖议员们通过记忆力的展示来给选民留下深刻的印象，并且他们中的每个人都怀揣卓越的学习技能和天赋。早在了解大脑本身和它如何工作之前，古希腊人就意识到记忆力是通过关联信息来工作的。他们首先发现对记忆过程来说必不可少的两块基石：

想象　联想

两个基本记忆力规则

想　象

越多地刺激和使用你的想象，你就越能加强学习的能力。这是因为你的想象力是无止境的：它没有界限且会刺激你的感觉，并进而影响你的大脑。拥有无限的想象力使你更易接受新知识，并更不倾向于去阻碍自己学习新知识。

联　想

记住事物最有效的方式就是把它看做一个你已记住或熟知的其他事物的关联图像。如果你通过将它们与熟悉的事物相关联来建立现实中的图像，这便会使它们固定在一个地方，那么你便能更轻易地记忆信息。

联想就是将信息与其他信息相关联或固定。

举个例子：如果你想到香蕉，你将把它与黄颜色、它的产地、形状、味道、你在哪里可能会买到它、你在哪里保存它相关联。

你将会有香蕉的图像和位置。

联想与你的想象协同工作。

想象和联想是本书中所有技能的核心——它们是记忆技能依赖的基石。你通过关键记忆设备（如词语、数字和图像）来越高效地使用它们，你的大脑和记忆将会越有动力和越高效。

正如第5页所讲解的，为了使你的大脑更有效地工作，你需要使用大脑的两个半球：左半球和右半球。与大脑的两个主要活动一致，我们有两块记忆力的基石，这不可能是巧合：

想象（**I**magination）}
联想（**A**ssociation）} 合并 = 记忆（**M**EMORY）

你的记忆力给予你自我认知，因此助记口诀应该这样才合适：

我是记忆

想象和联想由核心记忆力规则支撑。这些规则能把事件固定在你的记忆中，使它们在有需求时能被更容易地回忆起来。

除了关联熟悉的事件，为了更高效地记忆事物，你的记忆力同样需要：在脑海中形成一个有趣、五彩缤纷、富有多重感官刺激的图像，以刺激你的想象力、感觉，并使你的记忆鲜活起来。

第五章描述的记忆力系统创造了关键词，它可被转换成通过利用图像和位置而变得更有效的关键图像。它们使用了12条核心记忆力规则。下节描述了10条其他的基本记忆力规则，它们与想象和联想这两条基本规则协同工作，促使你的记忆力更高效地工作。

10条基本记忆力规则

为了强化你的记忆力，并帮它更高效地回忆信息，你需要利用你大脑的各个方面。基本记忆力规则用来加强想象和联想对记忆力的影响力度，并启动你非凡的大脑能量，同时鼓励其尽可能多地参与其中。

与想象和联想一并使用的10条记忆力规则是：

1 你的感官　　　2 夸张　　　3 韵律和运动
4 色彩　　　　　5 数字　　　6 符号
7 顺序和图案　　　　8 吸引力
9 笑声　　　　10 积极的想法

影响上的不同很像这样一种情况，那就是使用1500万烛光探照灯取代标准的4.5伏电池手电筒照亮你回家的路。你将比以前更愉悦、更出色地感受这个世界。

记忆力规则同样鼓励使用其他有助于回忆的因素：比如感官触发器和非凡的图像。

使用你的创造性思维

你的想象力是通过你大脑右半球的信息和影响促成的。非凡的记忆与那些在某些方面突出的记忆能被更容易、更高效地回忆起来（详见第201页）。

下面这些规则对你的记忆力能量和功能有特别的影响：

（1）感官

你能想象到、听到、尝到、闻到、触摸到或感觉到越多你尽力回忆的事物，你就越能更好地加强你的记忆能力，并在需要的时候记起信息。

嗅觉是一种常见的童年回忆触发器。我们中有多少人会被学校地板蜡的气味或者一种特定灌木丛的香味或者香水味出乎意料地带回到孩提时代？这种感觉伴随着人们突然的、完美的清晰记忆或者存储在你记忆中好多年的昔时事件。

⊙ 你的嗅觉和场所感是记忆释放的触发器。

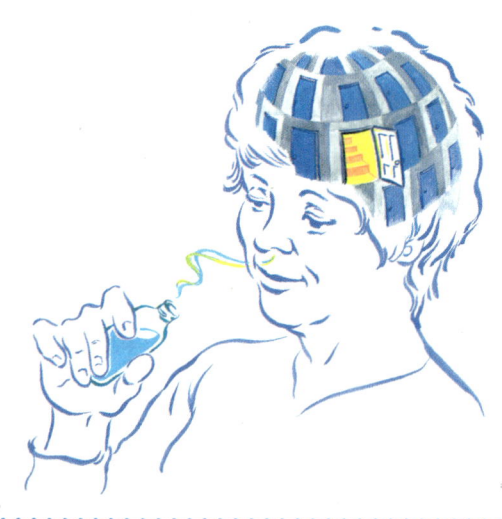

你经历、学习和享受的一切事都会通过你的感官传递给大脑：

视觉　听觉　嗅觉
味觉　触觉
你身体和运动的——空间意识

你对通过感官接收的信息越敏感，你记忆得就越好。

（2）夸张

在你的想象中夸大并荒唐地思考。你的图像在尺寸、形状或者声音上越夸张，你越能更好地记忆它们。想象一下孩子们最喜欢的角色：卡通怪物史莱克和《哈利·波特》中的巨人海格，他们都要比现实生活中大。相较于电影中的其他角色，他们更可能存活在想象中（详见第17页）。

（3）韵律和运动

运动增加了一些事物更容易为你的大脑所记忆的潜能。

- 使你的图像鲜活起来
- 使它们成为立体的
- 给它们以韵律

运动能帮助你的大脑"抓住"故事，并使数据的序列变得更非凡，也更令人难忘。

（4）色彩

色彩能使记忆鲜活起来，并使事物更令人难忘。只要可能，就在想象出的图景中以及你的图纸、笔记上使用色彩，以此来加深你的视觉，并刺激你的大脑去享受观赏的经历。

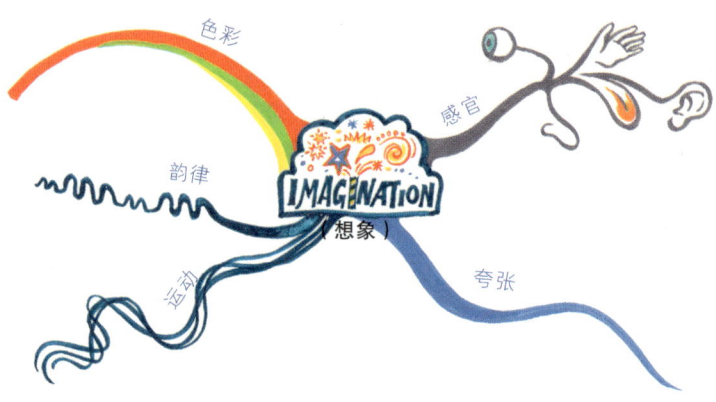

使用联想的力量

联想固定记忆和想法，使再次获取它们变得更容易。它们将富于想象力的想法转变成创造性记忆的重要部分。可使用以下方式帮助联想：

（5）数字

数字对你的记忆有强大的影响，因为它们能使你的想法更有序。数字能使记忆更具体。

（6）符号

符号是一种利用想象和夸张来稳固记忆的简洁加密方式。创造一种符号以提示记忆就像创造一个标志。它讲述了一个故事，并连接和代表了比图像自身更大的事物。

（7）顺序和图案

和其他记忆规则共同使用时，给你的想法排序或者把它们按序列排放是非常有用的。你可能会想通过色彩、重量、尺寸、订购货品的高度、寿命或位置给你的想法归类。

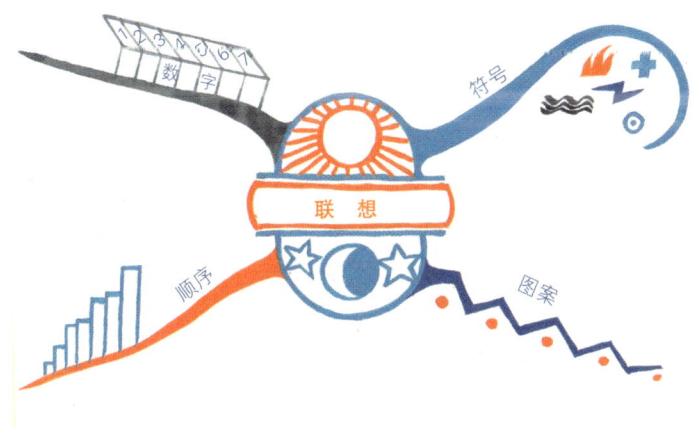

使用你大脑的两个半球

当记忆力规则全面使用时,大脑的两个半球就会更高效地工作,并对彼此有一个强有力和积极的影响。(同见第5—6页。)

这里还有三个如上页所列规则一样重要的深层规则,同样对你大脑的两个半球有强力的影响:

(8)吸引力

我们知道,当我们被某人或者某事吸引时,自己会喜欢观赏什么以

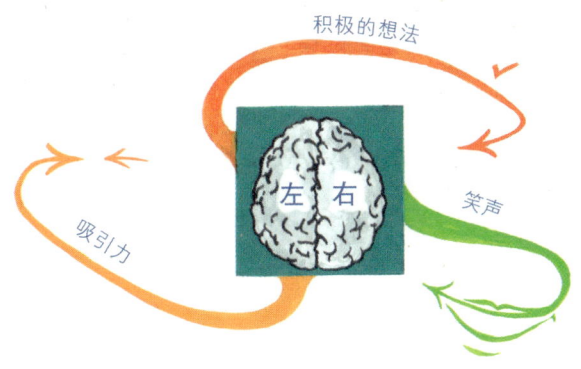

及如何感知。相较于无吸引力的图像，你的大脑更易记忆有吸引力的图像。使用你的想象，将具有吸引力的、积极的图像和联想作为你记忆的一部分。

（9）笑声

我们笑得越多，我们就更乐于思索我们想要记忆的内容，也就更易想起信息。使用幽默、夸张和饶有趣味的意识来加强记忆和回忆的能力。

刚刚探讨的记忆力规则利用想象和联想的基础规则来创建词语/图像之间的关联，并以清晰、简单的方式将它们联系起来。

这里有许多创建有效连接的基本规则，遵循这些规则可使你在创造一个稍后会忘记的有趣时刻或建立一个核心、永久性的记忆之间发现差别。

在关键图像之间创建联系时，你一定要记住：

⊙ 使事物间相互碰撞。
⊙ 使事物间相互作用。
⊙ 把事物置于彼此的首位。
⊙ 把事物置于彼此的底部。
⊙ 把事物置于彼此的内部。
⊙ 事物间彼此替代。
⊙ 把事物置于新的情形下。
⊙ 事物间相互缠绕。
⊙ 使事物交谈。
⊙ 使事物舞蹈。
⊙ 使事物共享它们的色彩、气味或动作。

(10)积极的想法

在人多数情况下,回忆积极的图像和经历比回忆消极的更容易,并更令人愉悦。这是因为你的大脑更愿意重返到生活中令你对所经历之事感觉良好的积极事情上。消极的联想和经历更易被你的大脑阻碍或修饰。积极地思考,你的想象和联想将会有更积极的力量。

下章将讲述关键词和数字的作用,以及它们如何被转换成触发关键记忆的关键图像。

第四章　使用关键词和图像打开你的记忆

相较于文字或数字，你的记忆力会更易识别图像。从出生直至你学会说话和阅读，早期的联想是通过观察形成的：在你认识"苹果"这个词之前，你已经知道了"苹果"的图像；温暖的微笑或语调比文字有更直接的影响。作为成年人，当你学习一种新的语言时，你更愿意使用符号和图片来补充交流，因为你不具备谈话所需的词汇。

因为那个原因，在每个记忆系统中，关键图像被用来等同于关键词或者数字。关键词或数字将触发你记忆中对关键图像的回忆，并且关键图像反过来会触发我们对文字或数字的回忆。

这些触发器就是你将学习的悬挂需要记忆的所有条目的衣钩。

关　键

在数字、词语或图像前的修饰词"关键"比"这很重要"意味着更多的东西。它意味着这是一把"记忆钥匙"。关键词、关键数字或关键图像是作为刺激大脑、打开并唤回记忆的至关重要的触发器而开发的。

关键词

关键词是一个特殊的词，它被选择或创造成一个独一无二的、针对你希望记忆的重要事项的参考点。词语刺激大脑左半球，它们是掌握记忆的至关重要的要素。而当独自存在时，它们并不像你花时间描绘或者转化成关键图像时那样有影响力。只有当关键词变为关键图像时，它们才能刺激你大脑的两个半球。

关键图像

关键图像是记忆的基石，在我的思维系列丛书中（见"拓展阅读"）被称为关键记忆词图像。因为在释放深层存储的记忆时，它们被认真地创建成至关重要的词语–图像的合成物。一张关键图像远胜于一张图片。它是一张与关键词和/或关键数字相关联的图像。利用记忆力规则，它可以刺激你的想象，重建相似联想。一张高效的关键图像能刺激大脑的两个半球，利用你所有的感觉。关键图像是巴赞记忆技能的核心。

关键数字

关键数字主要在数字系统和卡片记忆系统中起重要作用。在被转化成关键图像之前，它们首先被转化成关键词。

本书讲解了5个记忆系统，每一个都依赖于那些基础规则。我将在第五章把所有这些规则介绍给你。

从根源上看，有两个重要的记忆触发系统：

链接系统　挂钩记忆系统

链接系统

链接系统是所有记忆系统中最基础的。它将关键词转化成关键图像,并通过"讲故事"的方式将它们联系起来。它对熟记简短的条目列表而言是非常理想的,如购物清单。这个系统能显著地利用想象和联想,使用记忆力规则(详见第25页)。这种方式鼓励使用所有的感觉,以此来加强你大脑想象和逻辑功能之间的联系。

关联故事系统

创造一个连续的故事需要三个指导准则,它们是:

- 简洁:保证这个故事不为细节所累。
- 清楚:保证描述清楚直接。
- 一一对应:只把一个条目与另一个相连(参阅第32页的指导准则)。

运行中的关联故事系统

当你需要记忆自己记录在日常购物清单上的条目时,关联系统是一种理想的方式,正因为如此,你的关键词列表可能包含如下内容:

- 冷冻鸡肉
- 花菜
- 红壳鸡蛋
- 西米
- 牙膏
- 肥皂粉
- 猫粮
- 衣架
- 保鲜膜
- 生日贺卡

现在通读这个列表,仅读一次,尽力熟记这两列条目以及它们在列表中的顺序。然后翻到第41页，查看一下你按正确的顺序再现了多少条目。

你将发现单独的关键词很难回忆起来。即使它们代表的是相似和日常的条目，很可能发生的是：开始时你将不能记住所有的词语，并发现以正确的序列回忆它们是一个挑战。

你将发现，如果将关键词转化成关键图像，你将取得更好的成绩。因为相较于词语，你的大脑更易独立地记忆图片。

不要将任何事项都写成清单（你可能会因为失误而将这个清单落在家里），我希望你能利用想象编造一个故事，以此在每个条目之间创建关联。你所编造的连接越疯狂、夸张，你越可能记忆清单上所有的条目。

举例：

想象一下：你和一只巨大的、近乎和你一样高的**鸡**一起沿着公路漫步。听着她响亮的咯咯声，意识到触摸她那被冰柱覆盖而**结冰**的羽毛的手感。随着她的行走，冰柱发出哐当声，慢慢地融化。

这只鸡行走得非常慢，因为她身后拖着一个装满漂亮、新鲜、有斑点的**红壳鸡蛋**的稻草窝。

一个养鸡的农民坐在鸡蛋上，试图不挤压到它们。他有着博大的笑容和用鲜绿**牙膏**刷出的闪亮牙齿。

这个农民头顶着三罐**猫粮**，每次母鸡咯咯叫的时候，猫粮就不稳定地晃动。他穿着由**保鲜膜**制作的雨衣，随风舞动。这使你看向天空。

令你惊奇的是，你头顶的云有繁茂的绿色边缘，你看到的是一个巨大、新鲜、白色、脆爽的**花菜**：这是你看到过的最大的。

西米开始从天空降落，它们到达地面时变成了一片片含糖的餐后甜点。你抬起脚的时候就能闻到那甜美的香味。这真是一个黏糊糊的情形。

就在那时，一个年轻人开着一辆由**肥皂粉**制成的纸盒车而来。车门是由各种色彩的**衣架**连在一起的。

他跳下车，在大米布丁中滑行，并递给农民一张生日贺卡！

这是一个无聊的故事，是儿童的童话或妄梦的素材资料。但是通过这种方式，每一个相似的条目都可以用夸张的方式与下个条目相关联。该序列通过利用其中嵌入的记忆触发器来介入并刺激你所有的感觉。这些触发器是：

- 运动
- 序列
- 色彩
- 吸引力
- 幽默感
- 夸张，和
- 顺序

所有这些都可以鼓励想象和联想，并利于记忆。

如果你在脑海中使用被上述列表中的元素加强过的关键图像重排这些序列，你更可能以正确的顺序回忆列表中的所有条目。请在下面的空白处填写：

挂钩记忆系统

挂钩记忆系统与关联系统相似，不过挂钩记忆系统使用的是特殊的关键图像，以固定你想要熟记的事项。关键图像是永久性的记忆挂钩，一旦选择，永不改变。图像是作为"固定"记忆的记忆触发器而工作的，它使回忆更简单。

> 挂钩记忆系统可被认为是一个有着许多挂着衣服的挂钩的衣柜。挂钩自身永不改变，但是悬挂在上面的衣服会经常改变。

挂钩记忆系统特别会利用数字和序列，由此它会对你大脑的左半球形成强烈的吸引力（此时也与大脑右半球巧妙地协同工作）。

这些记忆触发技能是下章阐述的所有记忆系统的核心。

第五章　五个重要记忆系统

本章介绍五个极为高效、已被世世代代的记忆大师们成功使用的记忆系统。它们是：

数字—形状系统
数字—韵律系统
字母系统
记忆屋
名字—面孔系统

这些系统的协作力量可使你记忆所希望记忆的任何事项，从你所有朋友的生日到购物清单、历史性的日期以及其他基本知识。

数字-形状系统

- 数字—形状系统是一个挂钩记忆系统，如第四章所述。
- 对你仅需要记住那些条目几个小时的短期记忆来说比较理想。
- 每一个数字都与一系列连续的自选图像紧密联系。

数字—形状系统很简单。你需要做的事情是为1到10的每一个数字想象一张图像。世界范围内的儿童，当他们在数学课上涂鸦时，会花时间把数字做成图片。这是有趣的本能。大脑自然地鼓励我们寻找记忆信息的方式。

我将讲解如何构造系统并举例说明。因为我们是不同的，对你而言，最有效的图像是那些你自己选择并为自己创建的图像。一旦你理解了这个系统，即可完善文字和图像以匹配你的想象。

每一个关键图像都是与数字相关的视觉暗示。图像应该深刻而简单：易于描述、感受和记忆。下面的关联列表给出了具体的例子。

1　画笔
2　天鹅
3　心
4　帆船
5　钩子
6　大象的鼻子
7　悬崖
8　雪人
9　气球和棍子
10　球棒和棒球

练习之后，当你想到数字4时，你将在你的脑海里自然而然地看到帆船的图像，或者当你想到数字2时，就看到天鹅的图像。

第五章 五个重要记忆系统

我们中的每一个人都是不同的，所以对不同的人而言，数字将唤起不同的图像。给自己10分钟的时间来想象上述列表中你比较喜欢的事项，并选择其中对你起作用的每个数字的图像。这些将变成你的关键数字—形状记忆图像。

利用上页提供的空白写下每一个数字，并画出你选择用来代表每个数字的图像。

- 不用担心图像的"好"或"坏"。
- 一定要使用色彩使图像鲜活起来，以便在你的记忆中巩固它们。
- 同样要使用夸张和运动。

当你完成此项任务后，闭上眼睛，浏览1至10这些数字，确保你已经记住了每张相关图像。

然后从10至1倒数，做同样的事情。

练习一下随机回忆这些数字，直至相关联的数字—形状图像变成第二本能。

想法是图像，而不是数字，这将逐渐变成数值顺序的同义词。

一旦你能比较自然地立即回忆起数字—形状图像，在日常生活中你就可以开始使用它们了。将数字—图像简单地应用到其他文字上，然后通过创建想象关联将它们连接在一起。

运行中的数字—形状系统

浏览下列条目列表：

    1 交响乐

    2 祈祷

    3 西瓜

4　火山
5　摩托车
6　阳光
7　苹果派
8　花朵
9　宇宙飞船
10　麦田

- 利用你的意识之眼，想象你在第47页中选择用来代替数字1到10的数字—形状图像。
- 现在将这些关键图像匹配给上述列表中的每一个词语。
- 然后创建一幅富于想象力的图像，将关联的组合连接起来。
- 创建一个离谱、疯狂、多彩的联想，以便你能更好地记忆它们。

举例，把列表上的词语配对完毕时，我的数字—形状记忆钥匙是：

1　画笔　　　　　　+交响乐
2　天鹅　　　　　　+祈祷
3　心　　　　　　　+西瓜
4　帆船　　　　　　+火山
5　钩子　　　　　　+摩托车
6　大象的鼻子　　　+阳光
7　悬崖　　　　　　+苹果派
8　雪人　　　　　　+花朵
9　气球和棍子　　　+宇宙飞船
10　球棒和棒球　　　+麦田

这些连接可以变成：

- 说到**交响乐**，你可能会想象一名指挥，他正在使用一支巨大的**画笔**疯狂地指挥。
- **祈祷**是一个抽象的词，它可以通过给图像增加轮廓来表示。试着想象你的**天鹅**展开翅膀，像祈祷的双手。
- 使用一点想象：通过搅拌，你的**西瓜**可以转变成一个**心形**的水果。
- 想象大海中一座巨大的**火山**，在你的**游艇**下猛烈地喷发着红色的岩浆。
- 想象一个巨大的**钩子**从天而降，把你和你疾驰的**摩托车**从道路上钩了起来。
- 想象阳光正从**大象的鼻子**中流出来。
- 你的**悬崖**完全是由**苹果派**堆成的。
- 想象春天里的一个从头到脚覆盖着芳香**花朵**的**雪人**。
- 想象一艘小型的**宇宙飞船**飞进了你的**气球和棍子**，这导致了气球破裂。
- 想象一下**球棒**撞击**棒球**引起了震动，棒球飞过一片金黄色、微风吹拂的**麦田**。

你掌握这个概念了！

现在是时候开始创建你自己的序列了，你将感受到这项技能的运行。不要仅仅只阅读提供的例子，请创建你自己的例子。你能创建的关联越荒诞、夸张、吸引你的感觉来创造关联，你将越能更好地开发你的想象力。你练习得越多，应用这项技能就越容易。最终，它将变成第二本能。

记忆痕迹

- 参阅核心记忆力规则以作为将所有不同元素囊括进你的固定配对的提醒（第三章）。

- 你创建的图像越超现实越夸张，你就越容易记住它。
- 和关联系统一样，如果进行实践，你将能从挂钩记忆系统中获取更多益处。（第六章的测试被设计来帮助你磨炼技能。）
- 记得将图像间的关联加强。
- 可以用具体的形式来记忆抽象的词语。举个例子，"思考"可以用图像表示，如电灯泡或罗丹的思想者。

数字—韵律系统

数字—韵律系统很容易学会，它以与数字—形状系统相似的规则为基础。当你需要在短时期内记住简短的条目列表时，使用这种方式是比较理想的。

- 数字—韵律系统不同于数字—形状系统，因为它仅使用韵律声音而不是关联形状来作为数字 1 到 10 的记忆触发器。
- 你选择的词语应该唤起强劲但简单的图像，使其易于描述，易于视觉感受并记忆。

下列押韵词将帮助你开始。（我将使用这些词来举例说明，见下。）

1 小圆面包（bun）
2 鞋子（shoe）
3 树（tree）
4 门（door）
5 蜂箱（hive）
6 棍棒（sticks）
7 天堂（heaven）

8 溜冰鞋（skate）

9 葡萄藤（vine）

10 母鸡（hen）

如果你希望使用不同的图像，请利用你的想象想出对你有效、可替代并易记忆的韵律。

与关联故事系统（第39—40页）和数字—形状系统（第45—50页）一样，使用尽可能多的记忆力规则以使每个形象富有想象力、多姿多彩、能吸引你的感官非常重要。你使图像越非凡和易于记忆，你的大脑记忆得就越好。

选择那些你容易记忆并与每个数字关联的词语，在第56页的方框中画出你的图像——使用尽可能多的色彩和想象。

⊙ 为了为每一个图像创建最清晰的记忆图片，闭上你的眼睛，想象将图像投射到你的眼睑上，或者你头脑内的屏幕上。

⊙ 使用对你最有效的方式去听、去感受、去闻、去经历。

当你完成这个任务后，闭上眼睛，浏览从1至10这些数字，以确保你记住了每个韵律图像关联物。然后从10至1倒数，做同样的事情。

你做得越快，你的记忆力就变得越好。对于这些技能，你练习得越多，你的联想和创造性思维的能力就提高得越快。

⊙ 练习随机回忆数字，直至数—韵律和图像联想变成第二本能。

运行中的数字—韵律系统

一旦你熟记了数字—韵律关键词和图像，你就可以将数字—韵律系统付诸实践了。请从下列的列表条目开始：

1 桌子
2 羽毛
3 猫
4 树叶
5 学生
6 橘子
7 汽车
8 铅笔
9 衬衫
10 扑克牌

反过来参阅第51页，你看到的数字—韵律组合将变成：

1 **小圆面包** +桌子
2 **鞋子** +羽毛
3 **树** +猫
4 **门** +树叶
5 **蜂箱** +学生
6 **棍棒** +橘子
7 **天堂** +汽车
8 **溜冰鞋** +铅笔
9 **葡萄藤** +衬衫
10 **母鸡** +扑克牌

粗体的是关键词。无论你尝试记忆什么，这些就是你一直保持一致的记忆触发器。

使用想象和联想创建词组之间的联系，可能如下：

⊙ 1 想象一个巨大的**小圆面包**在摇摇晃晃的**桌子**上，那张桌子由于负重正摇摇欲坠。闻着这新鲜出炉的香味，品尝着你最喜欢的小圆面包。

⊙ 2 想象你最喜欢的**鞋子**内部生长着巨大**羽毛**，这些羽毛阻止你穿上鞋子，并轻触你的双脚。

⊙ 3 想象你自己的猫或者你认识的**猫**站在一棵**大树**最高的树枝上疯狂地快速爬行，大声地喵喵叫。

⊙ 4 想象你卧室的**门**是一片巨大的**树叶**，当你打开它的时候，它发出嘎吱嘎吱和沙沙的声音。

⊙ 5 想象一个坐在课桌旁的**学生**，穿着黑黄相间的条纹衫，像**蜂箱**似的或像蜜蜂落在他的书页上似的，乱哄哄地忙碌着。

⊙ 6 想象一根巨大的**棍棒**刺穿了一个像沙滩排球一样大的**橘子**的多汁表皮，请感受并嗅闻

橘子喷涌而出的果汁香味。

⊙ 7　想象**天堂**中所有的天使都站在**汽车**上而不是云端，开着你的汽车，想象你就站在云端。

⊙ 8　想象你在人行道上**溜冰**，听到路面上轮子的声音，无论走到哪里，你都能看到多彩的**铅笔**在撞击你的溜冰鞋时产生的奇妙多彩的形状。

⊙ 9　想象一个像《杰克和豆茎》中的豆茎一样**大**的**葡萄藤**，葡萄藤上不是叶子，而是挂满了色彩鲜艳并随风舞动的**衬衫**。

⊙ 10　现在该你开始了……想象一只拿着一张**扑克牌**的**母鸡**。

记忆痕迹

为了完善你应用这些技能的能力,重读这些例子,并确保使用所有的记忆规则。确认一下,所有的词语和关联图像都要强烈、积极、简单和清晰,并确保它们对你起作用。请思考:

⊙ 关联物是否变得有吸引力?
⊙ 关联物之间是否有足够的距离?
⊙ 它们需要更强烈的夸张和想象吗?
⊙ 它们需要更多的色彩吗?
⊙ 它们需要更多的运动吗?
⊙ 图像之间的联系足够强烈吗?
⊙ 有足够的感官性吗?
⊙ 有足够的幽默感吗?

你可以确信:每次练习的时候,你的技能就会提升得很快,你的记忆力将表现在平均水平之上。

因为已经学习了数字—形状系统和数字—韵律系统,你不但有两个独立的1—10系统,还有两个可以联合使用以熟记有多达20个条目的序列的系统。

简单地使用一个系统(例如,数字—韵律系统)代表数字1—10,另一个系统(例如,数字—形状系统)代表数字11—20。

字母系统

字母系统是一个挂钩记忆系统，在工作方式上与数字—形状和数字—韵律系统相似；不同的是它使用字母的发音来作为记忆挂钩，而不是数字。

开始时，你首先选择以想要记忆的字母发音开始的关键词。

⊙ 确保词语易记忆。
⊙ 确保词语易想象。
⊙ 确保词语能简单地描绘出来。

只要有可能，按下述方式使用下面的一个词：

⊙ "拼写"字母的发音。举例：
　Bee（蜜蜂）（针对字母"B"）。
⊙ 寻找近似发音的字母。举例：
　Sea（海洋）（针对字母"C"）。

避免使用以这个字母开头，但读音不像这个字母的词语。

例如：Ant（蚂蚁，以短a开头，不是长a），Car（汽车，以爆破音c开头，不是摩擦音c）。

通过描绘来将关键词转化成关键图像，它们可以变成悬挂你想要记忆事项的记忆挂钩。

为了使此系统对你最有效，你应该选择你自己的词语。下面是一些帮助你开始的简单建议：

字母/读音	以此发音开头的词	建议图片
A　ay	Ace（纸牌 A）	黑桃 A
B　bee	Bee（蜜蜂）	一只嗡嗡叫的蜜蜂
C　see	Sea（海洋）	海滨
D　dee	Deed（证书）	一份密封的法律文件
E　ee	Easel（画架）	一位在工作的艺术家
F　eff	Effervescence（冒泡）	一杯有气泡的水
G　gee	Jeep（吉普车）	军用车辆
H　ay-ch	H-bomb（氢弹）	一场爆炸
I　i-ye	Eye（眼睛）	一只睁开的眼睛
J　jay	Jay（松鸦）	一只鸣鸟
K　kay	Cake（蛋糕）	一个蛋糕
L　el	Elbow（肘部）	弯曲的手臂
M　em	MC（司仪）	司仪（Master of Ceremonies）的缩写
N　en	Enamel（珐琅）	一枚胸针
O　oh	Oboe（双簧管）	一件乐器
P　pee	Pea（碗豆）	从豆荚中掉落的豆子
Q　kew	Queue（队伍）	一排人
R　ah-r	Arch（拱门）	一扇罗马拱门
S　ess	Eskimo（爱斯基摩人）	戴一圈带有绒毛的帽子的脑袋
T　tee	Tea（茶）	一把茶壶
U　yoo	Yew（紫杉）	一棵树
V　vee	Vehicle（交通工具）	一辆红色的公交车
W　double-yoo	WC（洗手间）	男/女洗手间的标志
X　ex	X-ray（X 光）	一张胸腔的 X 光片
Y　wiy	Wife（妻子）	一位女士
Z　zed	Zebra（斑马）	大草原中的斑马

一旦你为所选择的词语和图像感到愉悦,你就会感到它们就是你的记忆触发器,你就能享受回忆的图像,并练习使用它们。

- 自己描绘图像,以便把它们作为视觉参考使用,并可帮助你将它们牢固地置于你的记忆里。
- 在单独的多张纸或卡片上描绘每一张图像是有用的,这样就使你能以任意顺序核查它们。(你可以在一张纸的一侧放置一个字母,然后将对应的图像放在另一侧,这样自测起来就更容易了。)
- 以顺序、倒序、随机的方式,练习想象这些图像,以便在需要的时候能回忆起它们。

运行中的字母系统

见第78页的简单记忆测试,它将帮你使用这个系统储存你的进度。

记忆屋

罗马人是高度有序、有组织的人，他们有强烈的审美观，喜欢富足的生活环境。他们是记忆技能和竞赛的伟大发明者，其中最受他们欢迎并获得高度成功的一项技能就是记忆屋。

记忆屋对大脑的两个半球均有诉求，因为它将有序的精准性与想象的美好结合在一起。它是一个结合了链接和挂钩的系统，这允许你在梦想的房间中放置尽可能多的你喜欢的事物。家具的每一物件和条目都以精准的方式置于房间内。每一个条目都以精准的方式小心、永久地放置着，你希望记忆的每一条目都是一个链接。

当你进入这间房子和你的记忆屋时，精确地想象着它。看你穿过前门，沿着小径，走上前门台阶，进入到门里。当你建造你的房间时，确保你有序地从一个条目到另一个条目想象。

举例：

> 一个优雅的罗马人的房门两边有两根巨大的大理石柱；门上有一个狮子头的雕塑，你走入的门的左侧有一尊巨大的希腊雕像。紧挨着雕像处，有一张覆盖着羊皮的沙发；紧挨沙发的是一株巨大的开花植物，沙发前是一张坚固的大理石桌子，上面摆着两个酒杯、一瓶葡萄酒、一盘水果。

这些条目中的每一个都变成了关键图像，它们将触发一种记忆。（见第79页代表这种例子的图像。）

以同样的方式，数字-形状系统中的关键图像变成了你想要记忆的条目的基准连接；同样，使用记忆屋方法时，这个房间中的条目变成了永久性的触发器，它们能关联你想要记忆的条目。

需要记住在妈妈生日时订购鲜花这件事吗？想象一位罗马百夫长，用春天的花朵装饰石柱，可以闻到花香，香味充满了房间。

需要记住周末的时候带上你的溜冰鞋吗？想象一个淘气的男孩，在大理石桌子上面溜冰，把高脚杯弄飞了。

记忆屋的优点：

- 它引导自己自然地使用所有记忆规则（第25—33页）。
- 它完全是想象的，因此你将每一个你想要的有趣目标放在这个房间里，包括所有诉诸你感官的音乐、香味、风味和质地。
- 如果你有所期待，你便会开始深深地相信：所有这些目标中的一些将训练你的大脑和记忆力，以帮助你获取它们。
- 记忆屋没有边界，因为你的想象力可以自由驰骋，刺激大脑的右半球。
- 记忆屋要求有序精准，因此它也同样诉诸大脑的左半球。

记忆痕迹

- 粗略地记下你的想法，房间的样式、设计，你想放置于其中的物品类型和位置。
- 然后制定房间的规划和设计图，并添加物品的名字和你想要放置的位置。
- 开始在房间的特定位置上放置10个条目。
- 在你的房间内进行一些"精神散步"，使用关联系统精确地熟记房间内条目的顺序、位置、序号。
- 确保你练习使用了所有的感官来感受房间内的色彩、结构、味道和声音。这是你的精神预热阶段，它使这些信息更深刻地固定在你的记忆中。
- 当你确信每个条目的位置和类型都成了第二本能时，你可以开始使用它们中的任何一个来作为"挂钩"，并将你想要记忆的条目列表悬挂其上。
- 当你习惯于使用这些系统时，在你的记忆屋中逐步摆放15、20、30个条目。
- 你可以如你所愿地增加尽可能多的房间，将你的房间转化成一所房子、城堡、宫殿、村庄，乃至星系——只要你愿意。

你的想象或记忆是无边界的。

运行中的记忆屋

许多人发现这是他们最喜欢的记忆系统。如果你喜欢绘画，那用它来阐释记忆屋是一个很棒的主意。尽力描绘房间的布局和其中的物品，这有助于你巩固记忆中的内容和每个条目的位置。

翻到第79页完成关于记忆屋的自我测验。

名字—面孔系统

如果你的记忆难于将名字和面孔联系起来，这自然有其原因：可能某人的长相或职业和名字之间没有明显的逻辑关联。因此你的大脑在创建天然联系方面有更大的困难，而这些联系依赖于你大脑的逻辑半球。你需要练习想象力以鼓励你大脑的两个半球更高效地协同工作。

在过去，记忆人物相对容易，因为他们的名字和职业能提供清晰的线索。贝克（Baker）先生是糕点师（baker），米特亚德（Meatyard）夫人是农民（farmer）的妻子，洛顿（Lowton）先生可能住在市郊（at the bottom end of town），罗伯逊（Robertson）先生是罗伯茨先生的儿子（the son of Mr. Roberts）。此外，家族的世世代代居住在同一个地区，这可能

> **多重记忆**
>
> 　　一队心理学家从1000张照片中选择了一些展示给一组人看，每秒中展示一幅图像。然后心理学家选择展示过的100张照片，将其与那些未展示给组员看的照片混合在一起。他们让每位组员回忆两件事：他们早前是否看过这些照片以及这些照片展示的顺序。令人惊奇的是，每位组员差不多都能正确地辨别出每张照片——即使是那些说自己记忆力非常差的组员。
>
> 　　但在以正确的顺序排列这些照片时，组员就很少获得成功。看起来像是记忆力"很难忘记一张面孔"——虽然匹配面孔与正确的名字很有挑战性。
>
> ⊙ 相较于词语或数字本身，图像是更高效的记忆触发器。

意味着相同家庭的成员间存在着可辨认的生理特征（比如他们的鼻子、眼睛、耳朵等）。

　　在现代，你需要创建自己的关联以帮助你记忆见到的人。为了达到这个目标，有两个基本的相互支持的技能：

社会方法

为了确保这个能成功，你需要：

⊙ 对你见到的人发自内心地感兴趣
⊙ 尊重他们
⊙ 在交谈中谦恭有礼

看下面这些将以上方法付诸实践的技能。

助记方法

这个技能使用：

想象　联想

（这些概念在第三章讲述过了，并通过关键词和图像应用在本章先前的4个系统中。）

名字—面孔系统与先前4个系统不同的是，它使你的关键图像显而易见！所以使用这个技能，你需要设计出富有想象力的视觉触发器，例如通过关联的人名。

使用这些方法，你将再也不需要因为在被介绍完的瞬间就忘记某人的名字而感到难堪；或者更糟的是，在盛大的公共集会上，需要把你认识多年的朋友介绍给其他人时，你却忘记了他们的名字！

社会方法

为了能成功，社会方法要求你真的对那些你见到的人感兴趣，并成为一名专注的倾听者。

选择你思想的布景地

如果与陌生人见面使你紧张，或者你不断地告知自己你永远不会记住人们的名字，那你就需要提前进行心理上的自我准备。告诉自己你有一个好的记忆力，你有以百分之百的精确性回忆起人们名字的技能。你越相信这点，你就越放松。你越放松，这些技能就越能成功地应用。如果你持怀疑态度，那在开始进入状态前，给自己几分钟放松一下，做一下自我准备。

仔细端详

记忆依赖图像，因此你需要学习真正地观察你谈话的对象。无论你多么害羞或对方如何随意，当你见到他们的时候，用眼睛直视他们，要注意他们可能有的任何特别醒目的面目特征——从头顶到下巴尖。（查阅第70—72页，以获取关于这项技能的更多细节信息。）

你越提高观察的力度，你就越能将自己与会面时刻进行更多的关联，对那时的记忆也就越深刻。

第一次会面形成第一印象——同时也是一个加强记忆力的重要时刻。

随着不断地练习，你将能分辨出人们的不同之处以及什么使他们彼此不同。这个练习将帮你完善这项技能。

认真倾听

在认知一个新名字的过程中，有意识地倾听那些被介绍之人的名字的发音是很关键的。这可能看起来是一个不言而喻的事实，但是无数次，被介绍时，你是否全神贯注于：自己看起来怎么样、还认识这里的其他什么人；或者你只关注了可能忘记这个名字的事实——而不是真正地倾听交谈的内容？

大声地重复这些名字

在学习新东西时，重复是一个重要的因素——因为为了加强记忆，重复一个人的名字是非常有价值的——即使你认为自己已经很清晰地听到了这个名字。

那种介绍彼此的老方法能很自然地达到这个目的：

> "詹妮弗·史密斯，请来认识一下加勒斯·琼斯。加勒斯·琼斯，我希望你能认识一下詹妮弗。"

名字发音

旦你接收到这个名字，确定发音就非常重要——可以通过询问这个名字的来源来学会发音。如果姓氏相当普通，那就专心找与名字相关的关联，以便它能植根于你的记忆。在交谈中介绍全名，以便你能大声地说出并听到这些名字。

拼写名字

知道名字如何拼写很有帮助——因此以轻松的方式询问他们，因为这同样给你重复这个词语的机会。

询问个人历史

50%的人多少知道一些关于他们名字由来的事情，或者他们家族的历史。从家谱开始交谈就很容易，讨论名字的历史将进一步加深你对新认识人员的名字的印象。

交换信息

虽然这取决于环境，但查阅一个人名字信息的最简单方式就是交换名片。日本的传统就是在会议过程中交换名片，并平整地放置在看得见的地方。这是尊重的标志——始终把他们认识之人的名字清晰地放在心中，能增加好处。

在交谈中重复

在交谈中表现出兴趣和爱好会为频繁地重复名字提供一个有用的借口（"简告诉我……"；"保罗，我想要祝贺你……"）。这是更直接的交谈方式，同样也能在记忆中进一步巩固这些名字。

检验你的记忆

当你仍然记得人们的名字和他们告诉你的个人信息时，通过不时的自我核查，将你的思想倾注在这个房间中的人群身上。通过这个过程，你将再次记忆你所学到的内容，并在你的记忆中加固这些名字。

临别重复

因为相比"中间"而言，你的大脑更容易记忆开始和结尾（见第201页），当你跟他们说再会的时候，重复你见到的每一个人的名字就显得非常重要。这不但使他们感到特别，而且也巩固了你学习的过程。

复习

当你和新朋友或者相识的人分开之后，重温你学习到的信息是非常重要的：

形成脑海图像：把你刚见过的所有人的名字和面孔过一遍。

拍一张照片：在这个数字时代，你能获取每一个人近期的照片。抓住机会查看一下这些照片，以巩固你的记忆。

描绘图画：描述并书写可加强学习的效果。如果你认真对待提高自己的记忆力这件事，我建议你记笔记或日记，包括你见过的那些人的素描，以此来收集关键图像或关键词信息——理想的情况是使用大量色彩、运动和其他触发器。

倒叙这些规则

倒叙上述过程也帮助其他人记住你。重复你的名字，告诉人们你名字的来源。如果合适，给他们你的名片，通过提醒他们你是谁来帮助他们把你介绍给其他人。

自我调节

不要匆忙地进行新的介绍，你的紧张将增加忘记新面孔的机会。找到一些可以与你见到的人聊聊的共同话题，以便你的大脑有时间掌握新的信息，并且谈话的节奏是放松和友好的。

尽情愉悦

与陌生人见面是有趣的，这能使你获得新知识和经验。你感到越愉快，你的大脑就越放松，就能越高效地为好的记忆力创建富于想象的关联。

"加一"规则

大多数人发现，记忆每30个见过的人中超过2—5个人的名字是很难的。如果这听起来说的就是你，给自己一个自我挑战：比你日常能记忆的再多记一个人。通过练习上述技能，你将迅速提高成功的机会。

助记方法

记忆名字和面孔的助记规则是使用想象和联想。

想象

- 为人名创建一个清晰的脑海形象。
- 确认你"听到"了人名的发音。
- 像漫画家那样使用你的想象，在你的大脑中重新构建此人的面孔。
- 在你的脑海中夸大任何明显的特征。

联想

研究你想要记忆的人的面孔，找到能提醒你记忆他们名字的一些特征。

有时记住你朋友孩子的名字是困难的。你记住了克莱拉宝宝是因为她和你阿姨同名，但是你如何记忆哪个是汤姆，哪个是奥利弗呢？少年汤姆易怒，这会令你想到好战的雄猫；小奥利弗可能会令你想到电影《雾都孤儿》中的主要角色。

你的新邻居非常好，但是你却记不住他们的姓氏是"布朗"还是"格林"。看一下他们前门的颜色，或头发的颜色，或眼睛。看是否有能帮助你正确记忆的视觉提醒。

当然,发型、头发的颜色、服装和门的油漆会改变,因此只要有可能,尽力选择不太可能会变化的可参考的特点或者特征。

如何识人

"我从来不会忘记一张脸"是一种常见的说法——它常常被那些不能很好地记忆名字的人所述说!你对一个新认识的人关注到什么程度?学习精准地观察面孔,在细节上刺激想象,这些将帮助你更精准地将名字与面孔匹配上。

我们关注的人是否有吸引力?对此做一个快速的评估是很有必要的,但是声明一下,这个并不能帮助我们记住一个名字。当我们说话或者倾听别人说话时,我们倾向于紧盯着此人的眼睛和嘴巴。但事实上,我们能看到多少呢?以一种客观的态度观察关键特征,将其作为想象和记忆联想的触发器,这将更有帮助。寻找以下特征:

眼睛

看一下眼睛的形状。

- 它们是大?小?凸出?深陷?眼距小?眼距大?

看一下眼睛的颜色。

- 它们是蓝色?灰色?绿色?褐色?淡褐色?黑色?斑点状?

看一下眼睛周围的区域。

- 皮肤是肿胀?光滑?皱巴巴?结实?

嘴巴

看一下嘴唇。

- 它们是薄?厚?上翻?下弯?形状良好?平坦?不平坦?

头部

看一下头部的尺寸。

- 它是大？中？小？

看一下头部的形状。

- 它是正方形？长方形？圆形/椭圆形？三角形？

看一下骨头的构造。

- 它是宽型？窄型？大骨架？小骨架？

看一下你头部的侧面。

- 从侧面看与从正面看相比，形状是不是呈现了更明显的不同？

头发

看一下头发的质地和颜色。

- 它是长？短？灰白？挑染？波浪卷发？直发？浓密？纤细？平头？秃头？

前额

看一下前额、发际线和眉毛之间的空隙。

- 它是高？宽？发际线和眉毛之间的距离较窄？太阳穴之间的距离较窄？光滑？有横纹？

看一下眉毛。

- 它们是浓？稀？长？短？弯？紧挨？分开？平直型？修的眉毛？密？逐渐变细型？

耳朵

耳朵是脸部不引人注意的部分，但它却是我们最明显的特征之一。

- 它们是大？小？紧贴头部？突出？光滑的耳垂？有褶皱？小耳垂？大耳垂？有耳洞？

鼻子

一个人的鼻子在脑袋上占据着重要的位置，它是大多数人认为非常重要的一个生理特征。从正面和侧面观察一下鼻子。

- 它是大？小？窄？宽？歪？直？尖？翘？蒜头型？
- 鼻孔是宽？窄？张开的？多毛的？向上或下弯曲？

然后以同样的方法观察其他的生理特征，比如皮肤、下巴、颧骨、睫毛和手。（当然，你将需要以非常自然的方式作所有这些观察。）

使用你的其他感官去回忆香味、声音、语气、谈话：任何事项都将帮你在名字和人物之间作一个关联。有时，把一个人同另外一个人作比较也能帮助回忆他们与众不同的特征。

我们可能会把苏西·露丝与苏珊·花朵相混淆，但是如果苏西身材娇小（名字简短）并且身上带有花香（玫瑰的香味）；而苏珊个子高，头发长，身材丰满，像怒放的花朵。这样就可以把两人相互区分开了。

麦克·麦吉尼斯使人记住了他白色"泡沫状"的小胡子和温和的态度（有点像同名的饮料）；而吉姆·麦克拉伦有一个长瘦的下巴（令人想起车体平滑的赛车）。

记忆关联的常见名字和建议

你可能想改变这些，并添加描述以匹配自己的想象和联想：

  怀特（White） 多佛的白色（white）悬崖。

  布朗（Brown） 一块刚犁过的田地。

  格林（Green） 一棵巨大的绿树（green）。

史密斯（Smith） 只有一块铁砧和一把铁锤的铁匠（smithy）。
科林斯（Collins） 看护客栈（inn）的一条大牧羊犬（collie）。
（Collie+inns）

更多不寻常的名字通过音节关联来记忆。你脑海中的形象越荒谬，你就越可能记住这个名字：

麦金太尔（MacIntyre） 一个大轮胎（tyre）上放着一个大汉堡（hamburger）。
阿巴德（Abado） 聚会上的瑞典流行音乐组合。（Abba + "do"）
哈拉兰博斯（Charalambous） 汽车（bus）站内，坐在一头长得很大的羔羊（lamb）的臀部上的两个人。（Share a lamb + bus.）

当然，你同样可将这些规则应用到姓氏上。

小　结

作为思想的"助记备忘录"，你越频繁地使用这项技能，这个习惯就形成得越快，你也就越容易想出对你起作用的联想和想象参照物。对你们之中有音乐天赋的那些人来说，将不寻常的姓氏的韵律发音转化成旋律可能有帮助，或者你可以尝试将名字－面孔技能与记忆中的其他技能联系起来。

正如本书中的所有其他技能一样，回忆的关键是选择一个可依赖的记忆触发器。无论你的进度如何，请记住：包括色彩、运动、夸张和感官参照物在内的这些均将刺激你的想象；同时将一个相似的现实元素包括进去，它会将你的创造性建立在牢固的联想上。

转瞬之间你就能记住所见之人的名字了——这将对你的社会和商业生活产生积极的影响，并将自然而然地增加你的自信。

第六章　测试你的记忆力

在你开始这些测试前，你可能会发现这是有用的：回头看一下第32页的指导准则，提醒自己创建和关联关键图像的有效方法，并刺激你的整个大脑。

1　故事关联测试

通读含有下列10个条目的列表，只读一次。

利用第39—41页描述的故事关联系统，使用关键图像熟记所有的条目和展示它们的顺序。

翻到第81页做自我测试，并查阅得分细则。

报纸	小刀	小河	铁锤
裤子	时钟	羊毛	医生
酸奶	树		

2　数字—形状测试

利用数字—形状系统（详见第45—51页），核查含有下面10个词语的列表。将每个条目放置在合适的数字形状中，以此达到熟记的目的。

翻到第81页进行自我测试，并查阅得分细则。

1	交响乐	2	祈祷	3	西瓜
4	火山	5	摩托车	6	阳光
7	苹果派	8	花朵	9	宇宙飞船
10	麦田				

3　数字—韵律测试

利用第51—57页讲述的数字—韵律系统，给自己一分钟的时间来熟记含有下列10个条目的列表。利用尽可能多的第25—33页中提到的记忆力规则，将每一个条目放置在合适的数字—韵律系统中，以此达到熟记的目的。

翻到第82页做自我测试，并查阅得分细则。

1	行星	2	雏菊	3	麦克风
4	扶手椅	5	道路	6	壁纸
7	跑车	8	番茄酱	9	牙刷
10	肥皂				

4　字母测试

下面这些问题将鼓励你记忆第58—60页描述的应用于字母系统的基本规则和指导准则。翻到第83页来填写你的答案。

下面这些词语，哪一个是代表这些字母的最佳选择，为什么：

1　字母K：　　　cake　　　kerb
2　字母B：　　　bee　　　bar

3　字母C：　　　　crease　　　　see
4　字母F：　　　　fee　　　　　　effervescence
5　描述一下建议代表字母"I"的关键图像。

5　记忆屋测试

利用第61—63页描述的记忆屋系统，给自己一分钟时间了解下面这幅图画。然后翻到第83页，列出尽可能多的、你能记住的、在这个房间中彼此处于相关位置的条目。记住这些条目的顺序与富于想象力的细节最为重要。

6　名字—面孔测试

给自己一分钟时间，利用名字—面孔系统（见第63—73页）学习这些名字和面孔。目的是创建人名和任何显著视觉特征之间的关联，以便创建记忆关联。

翻到第84页，回答这些问题。

1　霍金斯先生

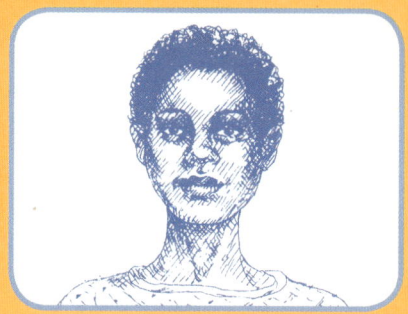

2　斯旺森女士

3　费希尔先生

4　拉姆先生

5　坦普尔小姐

结果和总结

1　故事关联测试反馈

将你的关联故事与自我相联系，或者大声地说出来并在这里以正确的顺序写下含有20个关键词的列表。

_____
_____
_____

按两种方式计算得分：

你正确地记住了多少个？

有多少个是按照正确的顺序排列的？

正确地记住一个条目得1分。

以正确的顺序记住一个条目得1分。

总分：40

2　数字–形状测试反馈

写下你为下列每个数字所熟记的对应条目。按如下顺序写下它们：

9 _____
2 _____
8 _____
7 _____
6 _____
3 _____

5	
10	
1	
4	

正确匹配出每个条目得1分。

总分：10分

3　数字—韵律测试反馈

在你为数字—韵律图像固定的每个词语旁边，写下你记忆的每个条目。按如下顺序写下它们：

数字–韵律挂钩	第78页的列表条目
9	
2	
8	
6	
7	
3	
5	
4	
1	
10	

正确匹配出每个条目得1分。

总分：10分

4 字母系统测试反馈

参照第58—60页描述的以发音为基础的字母系统，在此写下第78页问题的答案。分析结果可以在第85页找到。

1 _____
2 _____
3 _____
4 _____
5 _____

每个正确答案和阐述得2分。

总分：10分

5 记忆屋测试反馈

想象自己在记忆屋中漫步，按顺序回忆每一个位置和关联条目。在这里列出尽可能多的你熟记的条目。然后与第79页的插图对比，核对你的答案。

位置（条目的目标数量）　　　　　条目列表

地板（5个条目）_____
桌子（4个条目）_____
沙发（3个条目）_____
柱子（2个条目）_____
雕像（1个条目）_____

每个正确条目得1分。

目标分数：15分

6　名字—面孔测试反馈

利用第63—73页描述的名字—面孔系统，使用视觉联想和你的想象力，回忆每张面孔的正确名字。

尽量按下述的顺序写下它们：

5 _____

4 _____

1 _____

2 _____

3 _____

每正确命名一张面孔得1分。
总分：5分

字母测试答案

正确答案如下（参阅第58—60页的原因阐述）。

1. 代表字母"K"的词语是cake，因为它是以字母"K"的发音开头的。
2. 代表字母"B"的理想词语是bee，因为它的组成中有这个字母，发音像这个字母，并以这个字母开头。
3. 代表字母"C"的最好词语是see，因为它可以令人拼写出这个字母，而且发音像这个字母。
4. 代表字母"F"的词语是effervesce，因为它是以字母"F"的发音开始的。
5. 建议代表字母"I"的关键图像是一只眼睛（eye）的图片，因为这个词语听起来像这个字母的发音，并易于记忆。

测试结果总结

当你练习各种各样的记忆技能时，本章的测试就是用来帮助你了解学习进度，同时熟悉链接、挂钩和其他系统的。

下面的方案解释了你如何以百分比来核算整体得分。

测试	你的得分	满分
故事关联测试		40
数字—形状测试		10
数字—韵律测试		10
字母测试		10
记忆屋测试		15
名字—面孔测试		5
总分		90

遵循这些指导准则，按照满分的百分比来核算你的得分：

首先，用满分（90）除以你的得分（YS）
90/YS=你的结果

然后，用100除以你的结果（YR）。
- 100/YR=作为满分百分比的成绩

举例：
如果你的得分=40，你按如下核算：

90/40=2.25（你的成绩）

100/22.5=44（将满分的百分比作为你的成绩，故最终以%的形式表示）

这些测试的每一个正常得分都在20%到60%的范围内分布。一旦你掌握了本书中的技能，每次你就能得到90%到100%的成绩。

记住——无论你选择哪个记忆系统，
确认你将图像和联想变得积极有趣，从而利于你的记忆进行回想。

第七章　加倍你的记忆力量

冰封因素

在现在这个神奇的时刻,你能把对迄今为止学习到的任何事项的记忆力都提高到百分之百。

- 你已经学习了6个记忆系统,几乎可以应用到你所有需要记忆关键信息的情形中。
- 你已经选择了你的关键词,并将它们转化成了图像。
- 你已经使用了想象力,创建了能帮助记忆力高效回忆的联想。
- 你已经练习了在一定程度上使用它们,你可以欣赏这些图像并把它们变为你的第二本能。
- 你会感觉到很轻松,因为你可依赖它们作为你的关键记忆触发器。需要的时候,可从你的记忆中回忆信息。

如果那是案例的话,那么是时候在你的记忆中释放它们了。这将有益于立即加倍你的记忆力。

按顺序检验每个系统:

- 想象你的第一关键词,并集中在它的关键图像上。
- 要确定你知道它的关键图像看起来像什么、听起来像什么、感觉起来像什么、闻起来像什么;它如何移动,在空间中如何存在,如何使用它。
- 现在想象一下被冰封在一块巨大冰块中的关键图像。
- 你仍能看到它所有的细节和清晰度。
- 现在它被永远地冻结在你的记忆中了，并双倍地增加了你授权和扩展记忆力的能力。

在每一个系统中为你的每个关键词和每个图像重复这个过程。

> 它可以将你的记忆力发展成像用电脑工作一样——当然，你的大脑是一个更复杂的记忆空间！
>
> 如果你正在写一篇文章，并持续地修改它，那么它不可信赖，因为你可能更改或丢弃它。
>
> 一旦保存了这篇文章，它就可以用来作为参考，但是你可能仍然想要修改它。
>
> 但是，如果你将这个保存文档转化成永久性的图像（例如，PDF格式），你就再也不能更改它了，然后你的大脑便知道它可作为可信赖的永久参考工具。这使你可以去关注其他事。

结　论

20世纪90年代初，伦敦大学的心理学家对人类记忆作出了一系列预言。他们创建了不可攀登的记忆"珠穆朗玛峰"，同时他们宣称，没有人类能攀登上这座山峰。

在这些"珠穆朗玛峰"创建后的四年内，它们之中的每一个都被世界记忆锦标赛的参赛者轻易地征服了。

如何做到这些呢？

通过使用你在本书中学到的这些技能！

你已经获得了基本记忆的基石——想象和联想的技能。随着继续使用、发展和学习，这些你应用在五个超级系统中的技能将使你记住你所希望记住的任何事项。

你已大幅度地将这些技能应用在元记忆工具——思维导图——的发展上，它是挽救我的学术和职业生涯的工具。

人类大脑被描述为一个巨大的思想和记忆宫殿。不幸的是，大多数人虽然拥有这样一个宫殿，里面却仅仅只有一盏灯亮着，而且那盏灯还在地下室里。

你现在则拥有了一个灯火通明的宫殿！

你的记忆力和你自己都上路了……

拓展阅读

对那些准备进一步提升知识储备的人们来说，我的思维系列丛书包括了如何最大化利用大脑和记忆力的深层指导准则。下列书籍可在 BBC Active 上获得：

《开动大脑》（*Use Your Head*）

《思维导图®插图版》（*The Illustrated Mind Map® Book*）

《启动记忆》（*Use Your Memory*）

《掌握记忆》（*Master Your Memory*）

《快速阅读》（*The Specd Reading Book*）

出版后记

身处这个资讯发达的时代，我们既坐享着互联网的便捷之利，但也同时为信息爆炸的负担所累。科技的发展推动了各类思维整理软件与手机应用的诞生与繁荣，并且，科学哲学家们也提出了"延展心智"的理念，即我们的思考不局限在生理结构的大脑范围之内，诸如智能手机、计算机等外部设备也是"外部大脑"一般的存在。然而，软件的过于多样化与没有完全统一的"同步"生态却使我们无法非常完整地取出寄存于外部设备的想法。因此，这种依赖于"延展心智"或者"外部大脑"的手段依旧无法摆脱零散的困境。

然而，无论身处哪个时代，只要有学习这回事，人们就都会面对无穷且不断更新的知识遗产。东尼·博赞先生在学生时代就深感学习笔记的零散与繁多，可是却又苦于找不到可以参照实践的学习方法。不过，不同于向外的延展，博赞先生选择的是另一个方向，即对人类大脑的再发现与再开发。博赞先生在某次访华时说："买电脑、汽车等都会有厚的说明书，可是人的大脑——全世界最有深度和力量的机器却没有使用说明书。我要写出来。"学习的热情，配合以对自我提高的渴望，博赞先生在这些动力的基础上重新建立了一套高效的学习方法。

本书共分为七章。首先，博赞先生对人类大脑的工作原理进行了简单的解析，帮助读者构建起对自己记忆能力的科学认知。接着，博赞先生揭示了核心记忆力规则，并详细地介绍了各类记忆方法与系统。读者不仅能通过生动的方式学习到提高记忆力的技巧，而且能在结尾处清晰地掌控自己学习本书后所取得的进展。本书既在《博赞脑力训练手册之思维导图》与《博赞脑力训练手册之快速阅读》两者的基础上巩固了读者对知识与思想的整理，又切实地穿插于两者之间。多样的记忆系统将充分地调动我们所有的感官认知，丰富的图表则直观地向我们说明记忆曲线变化的科学研究。

由此观之，博赞先生并不是凭自己的主观认识而创造了这样的一套学习方法，而是以最贴合大脑自然本性的方式来科学地改革我们的学习。其实，这套学习方法在如今这个风靡"外部大脑"的智能时代也大有用武之地，因为"外部大脑"所强调的是人类大脑的扩展，而如何有效地认识与管理自己的"大脑"，这是哪个时代的人们都需要学习并具备的技能。

综上所述，本书是一本非常生动、有趣，但同时又极为实用的自助学习之书。此书并不以静态的方式提供书面知识，它会调动读者的主动参与，引导互动式的学习。相信读者朋友们在阅读的过程中会积极地投入其中，重新认识自己的大脑，并将该套学习方法有效地运用于生活、工作和学习的各个层面。愿所有阅读完此书的读者朋友们都能不断地突破旧我，发现并成为更好的自己。

服务热线：133-6631-2326　188-1142-1266

服务信箱：reader@hinabook.com

后浪出版公司
2016年3月